AF324446

INSTRUCTION
Sur la manière de désinfecter une Paroisse.

Par M. Vicq d'Azyr.

Pour désinfecter une Paroisse, il faut savoir;

1.° Quelle doit être la marche & l'occupation des personnes préposées pour ce travail:

2.° Quels sont les signes par le moyen desquels on peut constater l'existence de la maladie:

3.° Comment il convient de tuer les bestiaux qui en sont attaqués:

4.° Quels soins on doit prendre relativement aux fosses:

5.° Comment on doit purifier les étables:

6.° Ce que l'on doit faire après la première désinfection:

7.° Ce qu'il est à propos d'observer à l'égard des bêtes faines.

§. I.er

Marche & occupation des personnes préposées pour la désinfection.

1.° La puissance militaire est celle dont on a droit d'attendre dans cette occasion, de l'activité, du désintéressement & des succès. Il sera bon d'employer trois différens corps de Troupes, le premier formera un grand cordon extérieur, le second

A

marchera dans l'intérieur des provinces circonfcrites , & prendra foin d'y faire exécuter les ordres donnés relativement à la définfeciion ; le troifième fera diftribué en détachemens, qui refteront dans les chefs-lieux des cantons infeciés, pour y faire tuer les beftiaux qui, après la première expédition, feront attaqués de l'épizootie.

2.° Les perfonnes prépofées pour la définfeciion d'une paroiffe, feront, 1.° un Élève de l'École vétérinaire, ou un Maréchal inftruit, ou un Chirurgien de campagne, s'il veut bien en prendre la peine ; 2.° un nombre fuffifant de Soldats, l'Infanterie eft fur-tout préférable ; 3.° des payfans que l'on emploiera fuivant le befoin, & qui feront foumis aux ordres des premiers.

3.° La paroiffe qu'on fe propofera de définfecier, fera néceffairement comprife dans l'efpace circonfcrit par le cordon ; la marche des Troupes intérieures fera dirigée de la circonférence vers le centre. Pour avancer plus promptement dans l'exécution d'un projet, dont l'utilité fera d'autant plus grande que l'on y mettra plus de promptitude , on partira de plufieurs points à la fois. D'après ces vues on commencera la définfeciion de la paroiffe , par celle des extrémités qui fera la plus éloignée du centre de la contagion, & on finira par celle qui s'en rapprochera davantage, en fuivant par-tout une marche uniforme.

4.° Dans une paroiffe où la contagion a jeté de profondes racines, il eft à propos que toutes les métairies foient vifitées ; il fera défendu, fous de grandes peines, de cacher une bête malade.

5.° La maladie une fois conftatée, on commandera des payfans pour faire des foffés ; pendant que les uns feront occupés à tuer & à enterrer, les autres le feront à définfecier les étables, afin de ne perdre aucun moment d'un temps auffi précieux.

§. 2.

Signes par le moyen desquels on reconnoît l'existence de la maladie.

On juge que les bestiaux sont attaqués de la contagion par le concours, je ne dis pas de tous, mais de la plus grande partie des symptômes suivans.

1.° Par la perte absolue ou partielle de l'appétit, & par l'indifférence ou le dégoût qu'ils témoignent pour le fourrage, après en avoir été privés pendant quelque temps.

2.° Par une soif excessive, ou parce qu'ils refusent de boire comme à leur ordinaire.

3.° Parce qu'étant pincés vers le garot & le long de l'épine, ils s'affaissent subitement, en gémissant & en témoignant de la douleur; parce qu'ils ploient les extrémités postérieures, quand on appuie sur le derrière des hanches; parce qu'enfin étant pincés en dessous vers le cartilage xiphoïde, ils relèvent fortement l'épine. Ce dernier signe est un des plus sûrs, nous l'avons observé dans des animaux inoculés, chez lesquels il n'existoit point auparavant, & il acquéroit d'autant plus d'intensité que le moment de la maladie approchoit davantage.

4.° Par un certain branlement de tête, par les convulsions des muscles du cou & des épaules, & par la vacillation des extrémités postérieures, qui sont peu assurées lorsque l'animal marche. J'ai aussi observé que les chairs placées le long de l'épine, frémissoient & palpitoient quelquefois sous le doigt, quand on l'appuyoit un peu fort.

5.° Par l'abattement & la tristesse, par l'abaissement de la tête & des oreilles, par la chaleur de la bouche, par la saillie ou la rougeur des yeux, dont le blanc est toujours plus ou moins enflammé, par un changement dans la chaleur des cornes, des oreilles & quelquefois des naseaux, & souvent par une petite toux.

6.° Par la dureté de la région lombaire gauche, par la fréquence & la plénitude du pouls que l'on trouve facilement au cou ou à l'angle de la mâchoire inférieure: dans les sujets foibles il est petit & accéléré.

7.° Lorsque les yeux sont bordés de chassie & très - enflammés, lorsqu'il sort par les naseaux une morve épaisse, lorsque l'appétit est tout-à-fait perdu, lorsqu'enfin les excrémens commencent à devenir liquides; il ne reste plus aucun doute, & tout le monde peut à cette époque reconnoître la maladie; mais une partie des premiers signes suffit pour en constater l'existence.

§. 3.

Comment il convient de tuer les bestiaux dont la maladie est bien constatée.

1.° Lorsque par le moyen des signes ci-dessus énoncés, on aura reconnu une ou plusieurs bêtes attaquées de l'épizootie, l'on commandera des paysans pour faire des fosses, & on les conduira le plus près qu'il sera possible du lieu où on les aura pratiquées.

2.° On les attachera de très-court & la tête très-basse, à un arbre ou bien à un pieu, & on les assommera; plusieurs personnes préfèrent de leur tirer quelques coups de fusil dans la poitrine & dans la tête. Le moyen le plus simple est d'enfoncer entre la première vertebre du cou & la tête, précisément à la nuque, un scapel ou bistouri, ou bien seulement un stilet que l'on dirigera en devant vers la moelle alongée & le cervelet: cette méthode est celle que j'ai toujours fait mettre en usage; la mort est prompte & son appareil est moins effrayant.

3.° Après avoir tué l'animal, il faut lui couper en plusieurs endroits la peau fur le corps. Pour cet effet, on fera fur chaque hanche & fur chaque épaule une taillade, & on incifera crucialement le cuir fur les côtés du ventre & de la poitrine.

§. 4.

Soins qui concernent la foffe.

1.° ON aura foin de faire la foffe loin des maifons, loin des chemins, loin des abreuvoirs & des endroits où l'on raffemble la paille en tas. On choifira des lieux ifolés & perdus qui ne fervent point de paffage aux autres beftiaux, & fur lefquels on puiffe fe difpenfer de faire aucun travail. On fera les foffes proportionnées au nombre des victimes. Il fera également poffible d'ouvrir la terre fur une même ligne, de forte à pouvoir contenir le nombre des beftiaux que l'on fe propofera de tuer.

2.° On détruira toutes les traces du maffacre que l'on vient de faire, & on aura foin en jetant la bête dans la foffe qu'elle ne refte point foutenue fur fes extrémités, contre une des parois; elle ne feroit pas alors recouverte par une épaiffeur de terre fuffifante. J'ai été plufieurs fois témoin de cet abus, & il eft bon que l'on en foit prévenu afin de l'éviter.

3.° Les foffes auront dix pieds de profondeur; elles doivent être auffi fuffifamment larges, pour que l'animal puiffe y être couché à plat fur le côté.

4.° Pour donner plus de confiftance aux différentes couches de terre, il fera bon de les humecter en les foulant. Il fuffira pour cela de répandre de l'eau en différens endroits. On empêchera par ce moyen qu'il ne fe faffe par la fuite des crevaffes qui pourroient être dangereufes.

5.° Les foffes feront recouvertes d'épines, ou ce qui feroit mieux, de pierres amoncelées dont on feroit une efpèce de mur. Il eſt important de mettre des ſignaux ſur les lieux où l'on a pratiqué des foſſes. On ne ſauroit trop prendre de précautions, puiſque des expériences très-exactes m'ont démontré que les plus anciennes ſont encore plus contagieuſes.

6.° Lorſque les terres qui rempliſſent la foſſe s'affaiſſeront, on y en ſubſtituera de nouvelles & on les ſoulera avec force.

7.° Dans les pays où les lits de pierres trop voiſins de la ſurface du terrein, ne permettent pas de faire des foſſes aſſez profondes, il faut, ou brûler la bête que l'on vient de tuer, ou l'enterrer dans des endroits tout-à-fait iſolés, avec la précaution d'élever un monceau de terre au-deſſus du niveau de la foſſe, & d'y bâtir une eſpèce de mur. Dans ces lieux il faut redoubler d'attention.

§. 5.

Ce qui concerne la purification des Étables.

LES étables où les beſtiaux infectés ont ſéjourné, demandent ſur-tout les ſoins les plus ſcrupuleux. On emploiera pour les purifier les moyens ſuivans :

1.° On enlèvera le fumier, on regrattera les murs & les pavés, on détachera les planches qui font partie des auges ou rateliers, on les tranſportera dehors, on ne laiſſera que les montans, & on fera la même choſe à l'égard des lits s'il y en a.

2.° On enfouira le fumier à dix pieds de profondeur; s'il n'eſt pas trop humide on pourra le brûler.

3.° On lavera les planches qui ont été tranſportées hors de l'étable, on les frottera avec force, on les paſſera pluſieurs fois au-deſſus de la flamme, & on les expoſera à la vapeur du vinaigre.

4.° On doit ſe propoſer enſuite de dénaturer les miaſmes

dont l'atmosphère & les murs sont imprégnés, & de faire circuler l'air dans les étables.

5.° Celui qui veut remplir ces indications, doit être muni d'une bouteille de vinaigre, de six ou huit onces d'acide vitriolique très-fort, de deux poignées de sel marin, de poudre à canon, de nitre en poudre, de soufre & de quelques fagots de menu bois.

6.° Il commencera par mettre des cendres ou du sable dans une terrine ; au milieu de ce bain il placera un verre rempli de sel de cuisine, il fera chauffer le tout, il apportera le pot ou la terrine toute chaude dans l'étable, & il versera l'acide vitriolique peu-à-peu sur le sel. Il fera la même opération aux deux extrémités de l'étable si elle est un peu grande ; les vapeurs blanches qui s'élèvent alors sont très-actives. Il obtiendra le même succès en versant l'acide sur du sel que l'on aura fait chauffer auparavant sur une pelle.

7.° Il fera du feu en différens endroits de l'étable, surtout là où étoit l'animal infecté, le long des murs & dans les angles.

8.° Il promènera de la paille longue allumée sous les auges & dans les trous s'il y en a.

9.° Pendant que les feux allumés brûleront toujours, il frottera les auges avec un balai ou avec quelque chiffon trempé dans du vinaigre d'ail. On aura auparavant ratissé & verloppé les auges, s'il est possible.

10.° Il jettera dans les feux allumés de la poudre à canon ; il aura soin de ne pas la semer çà & là, mais il en jettera une pincée dans un espace peu étendu, afin qu'elle fasse une petite explosion.

11.° Lorsqu'il n'y aura plus de flamme, il jettera du nitre en poudre sur les charbons ; il emploiera sur-tout avec plus

d'avantage les pelotons ou maſſes de nitre un peu conſidé‐
rables; leur fuſion a un effet plus marqué.

12.° Enfin il jettera du ſoufre ſur les charbons; il ſortira
de l'étable & la fermera bien exactement.

13.° Il pourra employer également les fleurs de ſoufre
mêlées avec le nitre en poudre; ce mélange s'enflamme
avec la plus grande facilité, & ſa vapeur ſatisfait aux mêmes
indications.

14.° Il pourra ſe ſervir auſſi des réſines, feuilles, fleurs
& baies aromatiques; mais en brûlant elles ne font que
ſubſtituer une odeur agréable à une odeur fétide, elles
trompent ſeulement l'odorat, & ne dénaturent point les
miaſmes putrides; les vapeurs ſalines ont ce dernier avan‐
tage, elles méritent par conſéquent la préférence.

15.° Il n'épargnera point les lits qui ſe trouvent dans les
étables, d'autant mieux qu'ils appartiennent ordinairement aux
vachers. Il brûlera les paillaſſes & matelas, les draps ſeront
mis à la leſſive, & le bois de lit ſera traité comme les auges
& les rateliers.

16.° Pendant quelques jours il allumera du feu dans l'étable
& il y brûlera du ſoufre.

17.° Il laiſſera l'étable toujours ouverte devant & après
cette opération.

18.° Six ou ſept jours après il blanchira l'étable avec de
la chaux délayée dans de l'eau.

19.° Si l'étable que l'on ſe propoſe de purifier, eſt conſ‐
truite de ſorte qu'il ſoit dangereux d'y allumer du feu, alors
on s'en tiendra aux autres moyens; on y brûlera ſeulement
une plus grande quantité du mélange fait avec le ſoufre &
le nitre.

20.° On aura ſoin d'enlever toute la paille qui peut être
deſſus ou à côté de l'étable, avant d'y faire les opérations

ſuſdites, le mieux ſeroit de la brûler : on ne doit au reſte s'en ſervir que pour les chevaux ou bêtes aſines, & il doit être rigoureuſement défendu de la tranſporter, ſous quel prétexte que ce puiſſe être, hors de la paroiſſe, & même hors de la métairie infeſtée.

21.° Si l'animal attaqué de la contagion logeoit dans une de ces cabanes de paille que l'on conſtruit pour le moment du beſoin, il faudra y mettre le feu ; le mieux ſera de la brûler ſur le lieu même où l'animal aura été enſéveli.

§. 6.

Ce que l'on doit faire après la première déſinfeſtion.

1.° Après le premier maſſacre, les Troupes prépoſées au travail de la déſinfeſtion, paſſeront dans une autre Paroiſſe, toujours en avançant vers le centre des pays attaqués de la contagion ; mais quelqu'avantageuſe que ſoit cette première opération, il ſeroit dangereux de ſe fier uniquement à elle. On doit toujours ſoupçonner que la cupidité de quelques perſonnes intéreſſées, que la négligence de quelques-uns des Adminiſtrateurs, que ſur-tout la lenteur de la maladie elle-même dans ſon développement, en un mot, que les détails infinis de la ſociété, donneront néceſſairement lieu à une ſeconde & même à une troiſième reproduction beaucoup moins nombreuſe à la vérité que la première. Pour y obvier, quelques détachemens reſteront, pendant au moins ſix ſemaines dans les deux ou trois principaux villages de chaque Juridiſtion. Il ſeroit bon que ces Troupes fuſſent de la Cavalerie, parce qu'elles auront ſouvent des courſes à faire. Paſſé ce temps, on pourra lever une partie de ces détachemens, avec cette précaution cependant, qu'il reſte encore pendant pluſieurs mois des Troupes dans les villes voiſines, pour étouffer ce fléau dès ſa naiſſance, ſi par malheur il vient à reparoître.

2.° Les Métayers feront tenus, fous de grandes peines, de rendre compte des beftiaux nouvellement attaqués, aux Syndics & Confuls, qui feront tenus de leur côté d'avertir les détachemens, afin que les ordres du Gouvernement foient ponctuellement exécutés.

3.° Le grand cordon reftera en place au moins pendant un mois, paffé lequel temps, fi la définfection eft bien conftatée dans les pays fitués à la circonférence, il pourra être relevé & tranfporté plus avant dans l'intérieur; mais il fera prudent de laiffer quelques détachemens dans les principaux endroits du pays, dont il bordoit les limites.

§. 7.

Ce qui concerne les Bêtes faines.

On peut divifer les Beftiaux fains, dans une Paroiffe que l'on définfecte, en ceux qui ont habité avec les bêtes malades, & ceux qui en ont toujours été féparés.

1.° Il faut avoir foin que les beftiaux fains qui habitoient avec les malades, ne foient plus renfermés dans les mêmes étables. On tombe très-fouvent à cet égard dans une faute groffière; auffi-tôt que l'on connoît une bête attaquée de la maladie, on la fait fortir de l'étable où elle étoit renfermée avec fes compagnes : ce font les compagnes au contraire qu'il eft important de faire fortir au plus tôt de l'étable infectée, pour les dérober à la contagion.

2.° Après la féparation des bêtes malades d'avec les faines, on traitera ces dernières comme celles qui n'ont jamais communiqué; on les féqueftrera de tout commerce avec les perfonnes, les animaux & les hardes infectées.

3.° Il fera bon de tenir pendant fix femaines après la première opération, les beftiaux fains renfermés, & d'empêcher leur paffage d'un canton dans un autre. Si après ce temps, on permet la fortie de quelques bêtes à cornes, pour fatisfaire aux befoins les plus preffans du labourage & du commerce; on n'en laiffera fortir que le plus petit nombre poffible, & celles qui fortiront logeront dans une étable à part & ne communiqueront point avec les autres.

4.° On donnera, matin & foir, aux beftiaux fains, de l'eau blanche nitrée, on ne leur offrira que du fourrage haché & mouillé; on y mêlera des herbes fraîches quand il fera poffible; on diminuera un peu la quantité des alimens; on leur fera prendre tous les jours un grand verre d'huile de lin avec un tiers de vinaigre; & ceux qui le jugeront à propos, pourront leur faire au fanon un féton avec l'ellébore.

5.° On ne fera rentrer des beftiaux fains dans les étables où il y en a eu de malades, que long-temps après les avoir purifiées: il feroit même prudent que les métayers d'un canton ne fe déterminaffent point à faire venir tous enfemble des beftiaux dans leurs métairies, fans avoir auparavant conftaté par une expérience facile, fi en faifant rentrer un certain nombre de bêtes à cornes dans une étable anciennement infectée & convenablement purifiée, le laps de temps eft affez confidérable & la définfection affez complette, pour qu'il n'y ait plus aucun danger à courir; chaque communauté pourroit faire cet effai.

6.° Enfin dans les Paroiffes anciennement infectées, où par l'effet d'une heureufe migration, les Beftiaux nouvellement tranfportés, jouiffent d'une bonne fanté, il feroit bien à fouhaiter qu'on n'en introduifît plus de nouveaux, on empêcheroit ainfi la renaiffance de la contagion.

A Paris, ce vingt-huit Janvier mil fept cent foixante-quinze.